AF269439

Mi vida como TORTUGA MARINA

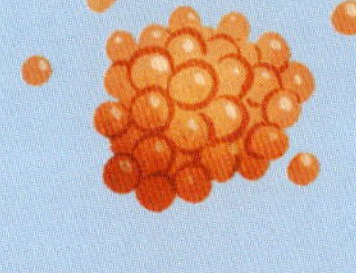

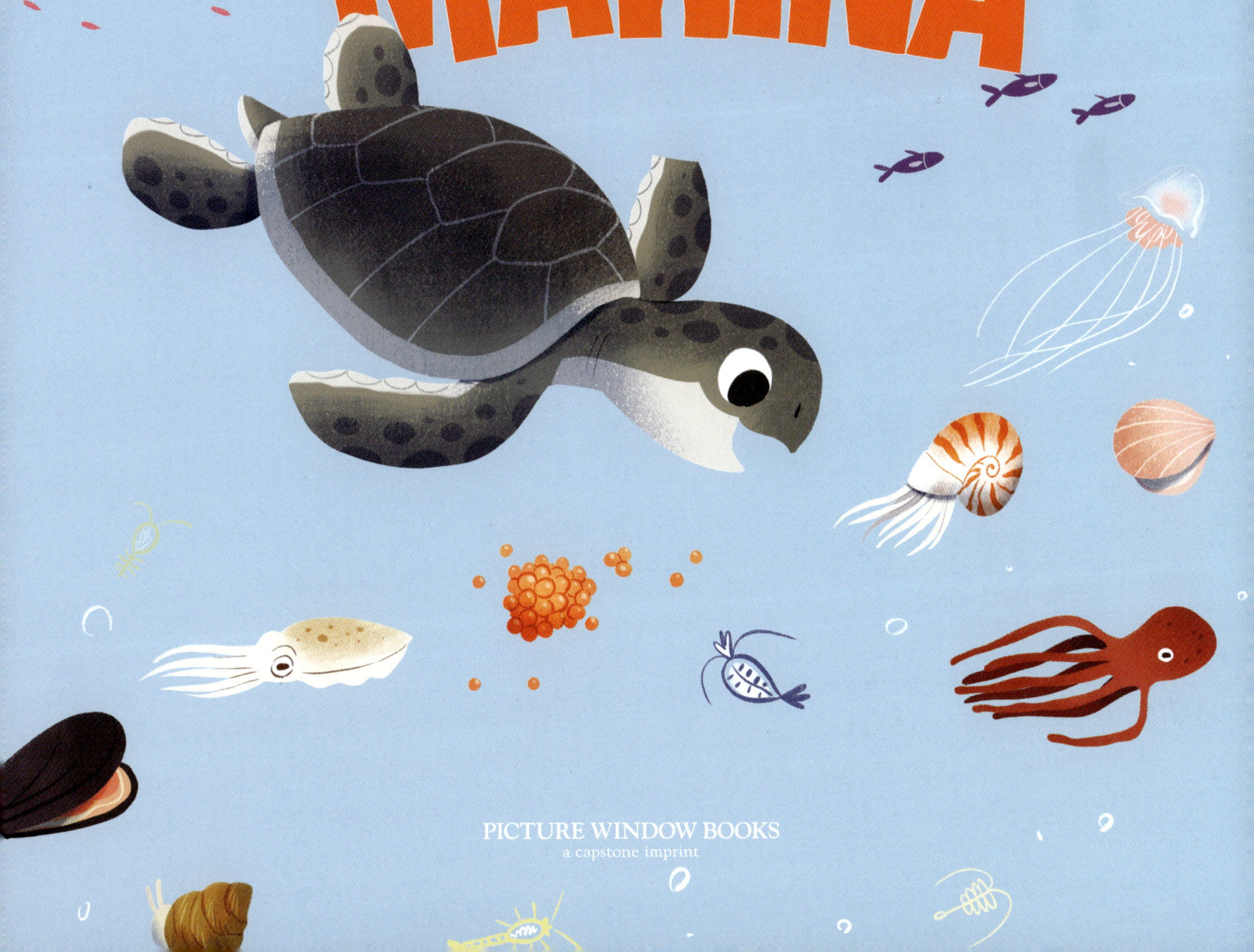

PICTURE WINDOW BOOKS
a capstone imprint

Publicado por Picture Window Books, una marca de Capstone.
1710 Roe Crest Drive, North Mankato, Minnesota 56003
capstonepub.com

Library of Congress Cataloging-in-Publication Data:
Names: Sazaklis, John, author. | Pang, Bonnie, illustrator.
Title: Mi vida como tortuga marina / John Sazaklis ; illustrated by Bonnie Pang.
Other titles: My life as a sea turtle. Spanish
Description: North Mankato, Minnesota : Picture Window Books, una marca de Capstone, [2024] | Series: Los ciclos de la vida | Translation of: My life as a sea turtle. | Audience: Ages 5 to 7 | Audience: Grades K-1 |
Summary: "Hello! I am a sea turtle. I spend most of my days surfing the warm waters, but I started life much smaller! Learn more about the cycle of my life, from tiny egg to hatchling and finally adult"— Provided by publisher.
Identifiers: LCCN 2022051489 (print) | LCCN 2022051490 (ebook) |
  ISBN 9781484687161 (de tapa dura) | ISBN 9781484687123 (PDF libro electrónico) |
  ISBN 9781484687147 (kindle edition) | ISBN 9781484687154 (epub)
Subjects: LCSH: Sea turtles—Life cycles—Juvenile literature.
Classification: LCC QL666.C536 S35418 2023 (print) | LCC QL666.C536 (ebook) |
DDC 597.92/8—dc23/eng/20221110

Créditos editoriales:
Editora: Alison Deering
Diseñadora: Kay Fraser
Investigadora de medios: Svetlana Zhurkin
Especialista en producción: Katy LaVigne

Traducción al español por: PA Bilingual Communication Services

Printed and bound in China 5377

Mi vida como TORTUGA MARINA

por John Sazaklis

ilustrado por Bonnie Pang

¡Hola! Soy una tortuga marina verde. Han existido tortugas marinas como yo desde hace 100 millones de años. ¡Conocíamos a los dinosaurios!

Mi familia lejana es MUY grande. Quiero presentarte a algunos de mis parientes . . .

Primero, las tortugas marinas laúd. Son las más grandes de todas. ¡Pueden medir hasta siete pies (dos metros) de largo, y pueden pesar 2 000 libras (900 kilogramos)!

Las tortugas marinas planas tienen un caparazón plano.

Las tortugas marinas carey tienen un pico curvo
y puntiagudo.

Las tortugas bobas tienen una cabeza grande
y la mandíbula fuerte.

A mí me dieron mi nombre por mi dieta. ¡Me encanta comer hojas verdes! Le dan el color verde esmeralda a mi piel.

Las tortugas verdes son de las más grandes del mundo.
Pero no siempre fui así de grande . . .

Mi mamá pone sus huevos en una noche cálida de verano.
Utiliza las garras de sus aletas para enterrarnos en la
arena. Somos unos 100 ahí apretaditos.

Al enterrarnos, nos protege de los **depredadores**. ¡Quizá los cangrejos, los mapaches y las gaviotas nos traguen!

Luego, mamá vuelve al mar. Ya estamos solos. ¡Adiós, bebés!

Dentro del huevo, empiezo a crecer. Me como la yema que sobra para ponerme fuerte. Tardo unos dos meses en salir del cascarón.

Finalmente, **¡CRAC!** Me libero de mi cascarón.

Ahora soy una **cría**. Mido unas dos pulgadas (cinco centímetros) de largo. Solo peso ocho onzas (227 gramos). ¡Quepo en la palma de tu mano!

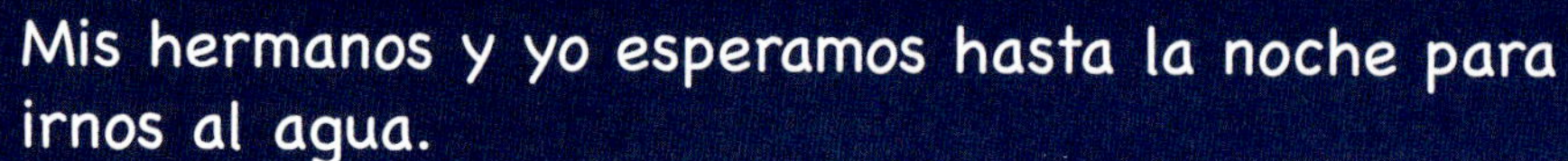

Mis hermanos y yo esperamos hasta la noche para irnos al agua.

La línea más destacada del **horizonte** nos indica la dirección correcta.

Tardamos otras seis a ocho semanas para llegar al mar abierto. ¡Como si fuera en cámara lenta!

Tanto nadar me da hambre. Me gusta comer **plancton**, **moluscos**, medusas y huevos de pez. ¡ÑAM!

Entre los tres y nueve meses, sigo siendo una tortuga bebé. Peso un poco más de 10.5 onzas (300 g). Mido unas cinco pulgadas (13 cm) de largo.

Océano Atlántico

Surfeo las aguas hacia el Mar de los Sargazos en el Océano Atlántico. Allá, las algas verdes me sirven de camuflaje. ¡Es un banquete de algas, camarones y peces!

El sol calienta la superficie del agua. Necesito el agua cálida para vivir y crecer.

A los cinco años, ya soy una tortuga **joven**. Mido entre ocho y 12 pulgadas (20 a 30 cm) de largo. ¡Más o menos el tamaño de un plato!

La parte de arriba de mi caparazón es dura y me protege. Es de color verde, verde olivo y marrón. La parte de abajo de mi caparazón es blanca amarillenta.

También tengo aletas. Me ayudan a nadar a una velocidad de hasta 22 millas (35 kilómetros) por hora. Incluso pueden sostener mi comida. Mis patas traseras me guían al deslizarme.

Las tortugas marinas verdes se quedan en el agua la mayoría del tiempo. Puedo pasar hasta cinco horas bajo el agua sin asomarme a la superficie a tomar aire. También puedo beber agua salada. Tengo **glándulas** detrás de mis ojos que filtran la sal.

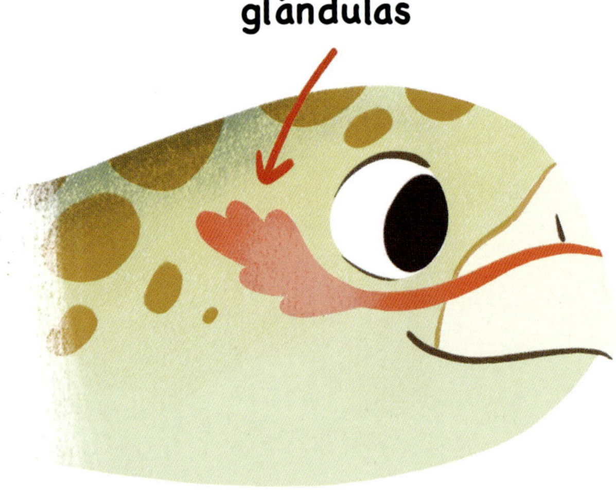

Alaska

Puedes encontrar tortugas marinas en el Océano Pacífico, desde California hasta Alaska. También pasamos tiempo en el Océano Atlántico desde Texas hasta Massachusetts.

Mis primos en Hawái son un poco diferentes. ¡Les gusta salirse del agua a la playa para tomar el sol!

A los 25 años, ya soy adulta. Puedo medir entre tres y cuatro pies (1 a 1.2 m) de largo. Peso hasta 350 libras (159 kg). Soy cien por ciento **herbívora**. Como algas, hierbas marinas y esponjas.

Con el tiempo, llega la hora de buscar pareja. Esto suele suceder a finales de la primavera o a principios del verano. Utilizo los campos magnéticos de la Tierra para volver a encontrar el lugar en que nací. Es como un súper poder que tenemos las tortugas marinas.

Una vez que conozca a mi pareja, hago lo que hizo mi mamá.
Una noche, me arrastro por la arena y hago un hoyo para
poner mi propio conjunto de huevos.

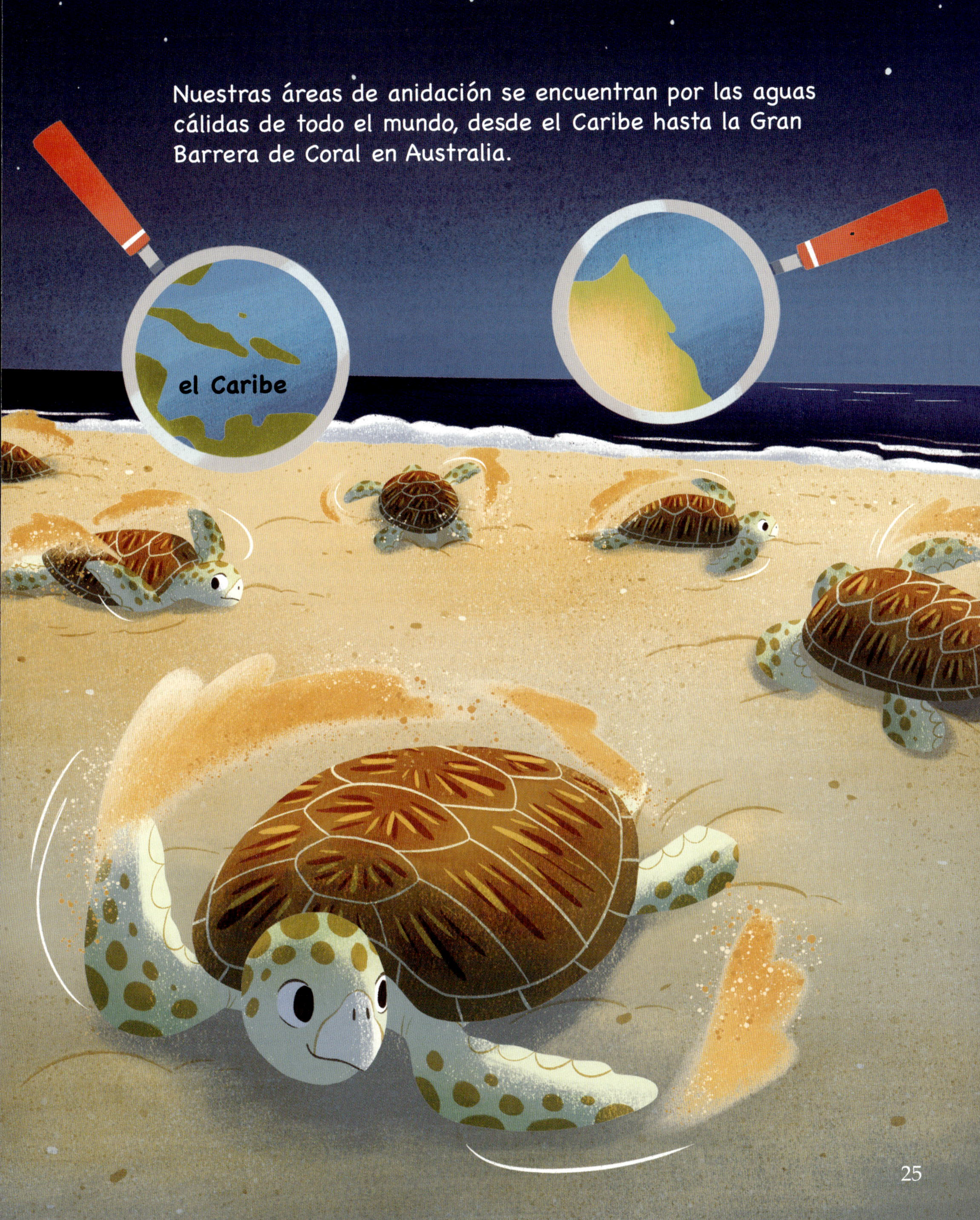

Nuestras áreas de anidación se encuentran por las aguas cálidas de todo el mundo, desde el Caribe hasta la Gran Barrera de Coral en Australia.
el Caribe

Puedo vivir hasta 70 años — ¡o más! Pero la vida de
una tortuga puede ser difícil. ¿Sabías que estoy **en
vías de extinción?**

Si proteges las playas en las que anidamos, me ayudarás a mantenerme segura. ¡Forma tu equipo ecológico y protege a las tortugas!

Mi vida como tortuga marina

Sobre el autor

John Sazaklis figura en la lista del *New York Times* de los autores con más ventas, ¡con más de 100 libros infantiles en su haber! Además, ha ilustrado libros de Spider-Man, ha creado juguetes para la revista *MAD* y ha sido escritor para la serie animada *BEN 10*. John vive en la ciudad de Nueva York con su esposa y su hija, ambas con superpoderes. Recientemente se sumaron a su equipo para darle voz al Grinch y a los Whos en la serie de libros interactivos *Dr. Seuss The Sounds of Grinchmas: With 12 Silly Sounds*!

Sobre la ilustradora

Bonnie Pang es una ilustradora y artista de cómics que proviene de Hong Kong. Actualmente hace ilustraciones para libros infantiles y crea el webcómic *IT Guy & ART Girl*. Cuando no está dibujando, le gusta ver películas, trabajar en el jardín y explorar nuevos lugares.

Glosario

cría—un animal joven que acaba de salir de su huevo

depredador—un animal que caza otros animales y los usa como alimento

en vías de extinción—en peligro de desaparecer

glándula—un órgano del cuerpo que produce ciertos químicos

herbívoro—un animal que solo come plantas

horizonte—la línea que parece unir el cielo y la tierra o el mar

joven—un animal que es más grande que un bebé pero que todavía no es adulto

molusco—una criatura de cuerpo blando que generalmente tiene una concha

plancton—pequeñas plantas y animales que andan sin rumbo en el mar

Índice